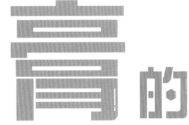

THE NEW JOURNEY OF PHOSPHOGYPSUM

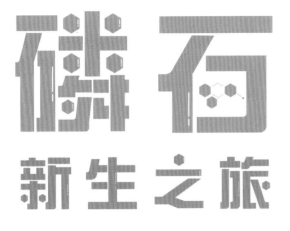

磷石膏的新生之旅

主　编　　谈云志

副主编　　孙文静　　吴赤球

中国建材工业出版社

图书在版编目（CIP）数据

磷石膏的新生之旅 / 谈云志主编. -- 北京 : 中国建材工业出版社, 2023.5
ISBN 978-7-5160-3648-8

Ⅰ. ①磷… Ⅱ. ①谈… Ⅲ. ①磷石膏－普及读物 Ⅳ. ①TQ177.3-49

中国版本图书馆CIP数据核字(2022)第249491号

内容简介

全书主要包括四部分内容：一是介绍磷石膏的来源，便于读者了解磷石膏的"前世"；二是阐述磷石膏目前的堆存状态，期望引起全社会关注；三是展示磷石膏主要产品与应用，树立磷石膏能够变废为宝的理念，消除公众疑虑；四是总结磷石膏推广应用模式，实现经验共享，更好造福人类。

本书旨在为磷石膏产业在更广泛的范围内开展技术交流提供平台，为行业和企业的发展提供参考。本书可供磷石膏产业从业人员阅读和借鉴，也可供相关专业技术人员进行科研、教学和培训使用。

磷石膏的新生之旅
LINSHIGAO DE XINSHENGZHILÜ

主　　编　谈云志
副 主 编　孙文静　吴赤球

出版发行：中国建材工业出版社
地　　址：北京市海淀区三里河路11号
邮　　编：100831
经　　销：全国各地新华书店
印　　刷：北京印刷集团有限责任公司
开　　本：787mm×1092mm　1/16
印　　张：3.5
字　　数：50千字
版　　次：2023年5月第1版
印　　次：2023年5月第1次
定　　价：18.00元

本书编委会

主　　编	谈云志					三峡大学

副 主 编　孙文静　　　　　　　　　　　　　　东华大学

　　　　　吴赤球　　　　　　　湖北昌耀新材料股份有限公司

艺术顾问　何广庆　　　　　　　　　　　　　　三峡大学

参编人员　吴　军　明华军　李　辉　方艳芬　黄绪泉　胡　强　三峡大学

　　　　　虞云峰　　　　　　　　湖北宜化集团有限责任公司

　　　　　孙德安　　　　　　　　　　　　　　　上海大学

　　　　　吕　伟　　　　　　　湖北昌耀新材料股份有限公司

　　　　　李晓颖　　　　　　宜昌市磷石膏综合利用产业协会

　　　　　程继勇　　　　　　　　宜昌市经济和信息化局

　　　　　沈克军　　　　　　　宜昌鸿乾环保建材有限公司

　　　　　刘金娥　　　　　湖北远固新型建材科技股份有限公司

　　　　　马　骏　王素贞　　　湖北三迪环保新材有限公司

　　　　　刘光成　　　　　　　　重庆河邦建材有限公司

　　　　　乔蓉艳　　　　昆明市建筑设计研究院股份有限公司

前　言

　　磷石膏是生产磷酸过程中产生的残渣。我国是世界上第一大磷肥生产国，也是第一大磷石膏副产国。据中国磷肥工业协会统计，2021年我国磷石膏堆存量已超过8亿吨，每年新增约7800万吨，但综合利用率仅为40%。磷石膏中普遍富含可溶磷和氟，部分还含有重金属等，它们极易随风蚀雨淋而迁移和渗漏。可见，磷石膏堆存不仅占用大量土地，还存在污染周边环境的风险，严重影响磷化工产业的健康发展。

　　显然，堆不是办法，用才是出路。但如何用？中国磷矿之乡——宜昌探索出了一条磷石膏综合利用的新路子。为了使公众能够真正了解磷石膏，并最终接受磷石膏，编者集众人之长，编写了《磷石膏的新生之旅》一书。

　　全书主要包括四部分内容：一是介绍磷石膏的来源，便于读者了解磷石膏的"前世"；二是阐述磷石膏目前的堆存状态，期望引起全社会的关注；三是展示磷石膏主要产品与应用，树立磷石膏能够变废为宝的理念，消除公众疑虑；四是总结磷石膏推广应用模式，实现经验共享，更好造福人类。

　　书名经作者团队反复斟酌，最后定为《磷石膏的新生之旅》，主要是希望公众能全方面了解磷石膏的特点，认识磷石膏的优点；通过技术创新，实现磷石膏无害化处置，最终让磷石膏得到"新生"。

2023年4月于三峡大学

目录

Ca^{2+} $2H^+$ SO_4^{2-} O^{2-}

第1章

磷石膏从哪里来

1.1　磷石膏的来源

磷石膏是湿法制备磷酸的工业副产品。

磷石膏是磷酸的"孪生兄弟"。它们的"父亲"是硫酸、母亲"是磷矿石。只不过，磷酸"遗传"了父母的优秀品质，成为"宠儿"；磷石膏却先天不足，富含杂质，终被"遗弃"。

磷酸能闪闪发光，是由于磷石膏的默默奉献。

磷石膏产量大，消纳量少，导致堆场面积日益扩大，占用大量宝贵的土地资源。

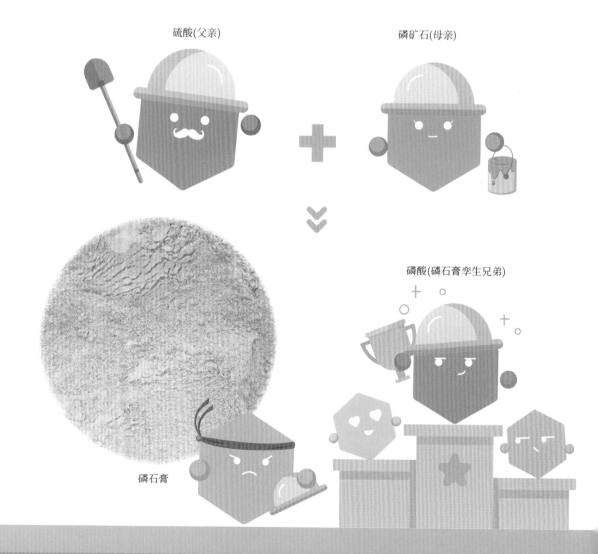

硫酸(父亲)　　　　磷矿石(母亲)

磷酸(磷石膏孪生兄弟)

磷石膏

1.2　磷石膏的成分

磷石膏主要以二水硫酸钙($CaSO_4 \cdot 2H_2O$)为主,其质量分数可达75%~95%;同时,含有少量杂质,包括少量未完全分解的磷矿、残留的磷酸以及氟化物、酸不溶物、铁铝化合物、有机质等。

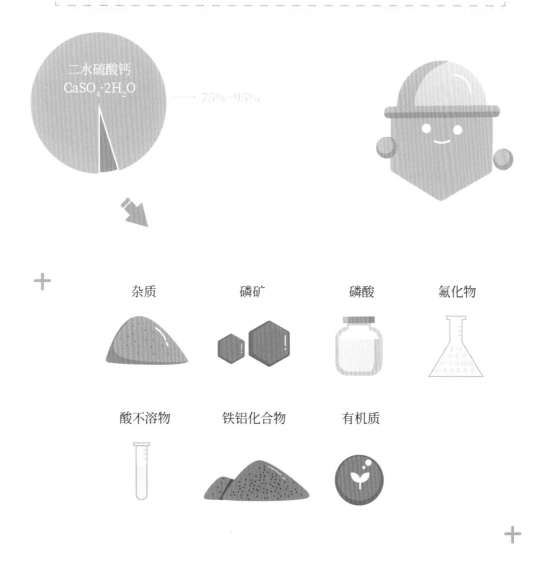

资料来源:
[1]孙天琦,秦绪江,闵惜茗,等.磷石膏在建材行业的应用研究进展[J].广州化工,2021,49(10):20-22,66.
[2]朱志伟,何东升,陈飞,等.磷石膏预处理与综合利用研究进展[J].矿产保护与利用,2019,39(04):19-25.

1.3　磷石膏的分布

我国磷石膏资源丰富,主要分布在湖北、云南、贵州、山东以及安徽等省份。

全国主要磷石膏资源分布图（2021年数据）

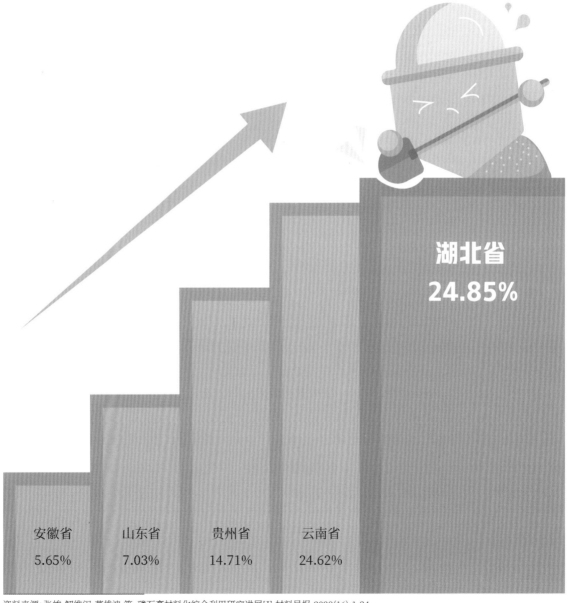

湖北省
24.85%

安徽省　　山东省　　贵州省　　云南省
5.65%　　7.03%　　14.71%　　24.62%

资料来源:张峻,解维闵,董雄波,等.磷石膏材料化综合利用研究进展[J].材料导报,2023(16):1-24.

世界磷石膏堆存量与我国磷石膏堆存量

世界其他地区堆存量>52亿吨

我国磷石膏堆存量>8亿吨

13%

87%

● 世界其他地区　　　　我国

湖北省磷石膏资源（2021年数据）

湖北省磷石膏堆存量接近3亿吨

湖北省磷石膏新增量达3500万吨

资料来源：
[1]张峻,解维闵,董雄波,等.磷石膏材料化综合利用研究进展[J].材料导报,2023(16):1-24.
[2]www.hppc.gov.cn/p/28565.html.

1.4 磷石膏的外观

呈块状, 整体暗灰色

磷石膏的三种外观

研磨后呈细粉状

"粉状磷石膏"

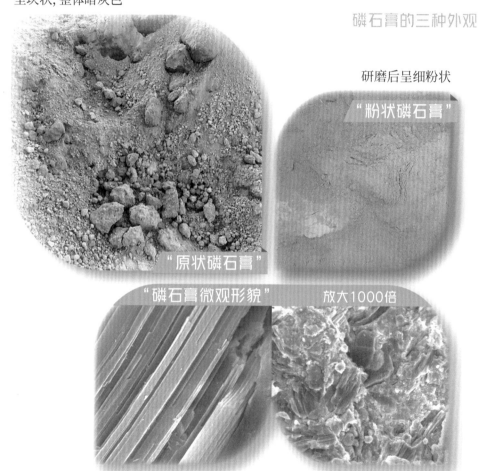

"原状磷石膏"

"磷石膏微观形貌"

放大1000倍

磷石膏呈棱柱状或层状、板状结构

资料来源:湖北昌耀新材料股份有限公司。

第2章

磷石膏正在何处

2.1　磷石膏的堆场

我国磷石膏堆场主要沿长江经济带分布,截至2021年年底:

磷石膏每年新增量超过7800万吨

全国磷石膏综合利用率仅为40%

磷石膏堆场

资料来源:张峻,解维闵,董雄波,等.磷石膏材料化综合利用研究进展[J].材料导报,2023(16):1-24.

2.2　磷石膏的"危害"

磷石膏堆存会存在污染环境的潜在风险,主要是可溶性磷、氟等成分会随雨水迁移到地下水或土壤。

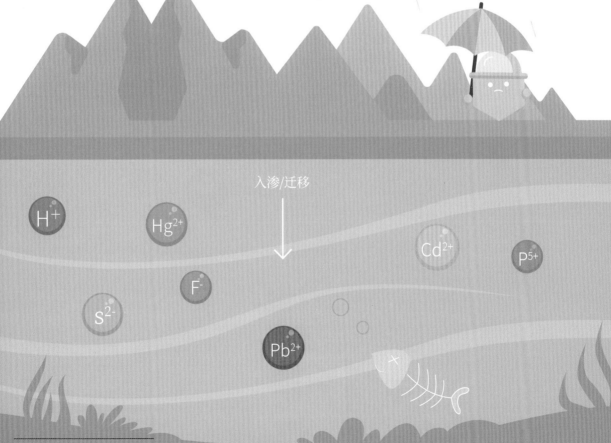

注释:[1]H⁺:氢离子;[2]S²⁻:硫离子;[3]Hg²⁺:汞离子;[4]F⁻:氟离子;[5]Pb²⁺:铅离子;[6]Cd²⁺:镉离子;[7]P⁵⁺:磷离子。

大风吹扫下,磷石膏堆场会发生扬尘,存在二次污染的风险。磷石膏颗粒飘浮于空气中,造成空气粉尘颗粒含量超标;磷石膏含有的氟化物、硫化物等过量地充斥于空气中,还会引发呼吸道疾病。

磷石膏中的重金属、可溶性磷、氟随雨水迁移到周边土壤,植物生长会吸收土壤中的这些元素,动物食入这些植物时,会不断累积这些元素。

水体中磷含量超标,会引起富营养化,水质恶化,引起水生态环境失衡。

HM ： 重金属

P ： 磷

! ： 放射性元素

F ： 氟

S ： 硫

第3章

磷石膏往哪里去

3.1　磷石膏的无害化处理

磷石膏的无害化处理主要有化学中和方法、物理处理方法。

方法一
化学中和方法

方法二
物理处理方法

PHOSPHOGYPSUM

方法一　化学中和方法

　　磷石膏的化学中和方法,是向磷石膏中添加部分化学物质,使杂质转化为其他沉淀物或化合物。例如,加入生石灰、熟石灰等碱性物质或者酸性物质,改变磷石膏体系内的酸碱度,消除残留酸的影响;同时,与可溶的磷、氟反应生成难溶物,降低杂质的不利影响。

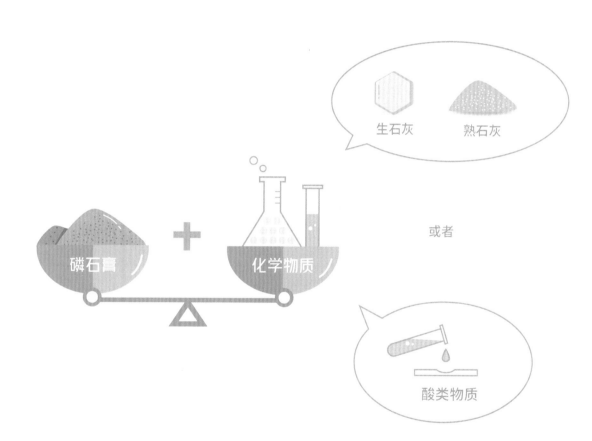

包括高温煅烧法和闪烧法。

高温煅烧是指用800℃煅烧磷石膏,使其共晶磷转化为惰性的焦磷酸盐;同时,有机物、可溶性氟离子也转变为气体挥发掉,从而消除有机物及可溶性氟离子的影响。闪烧法是利用高温(200~400℃)将磷石膏中的P_2O_5分解成气体或部分转变成难溶的磷酸盐类化合物,使有害物质通过高温分解或转变成惰性物质,从而减轻杂质的危害。

高温煅烧法

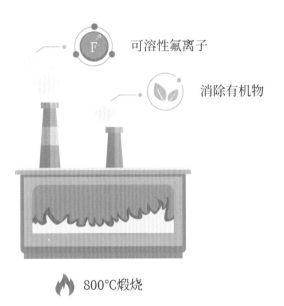

可溶性氟离子

消除有机物

800℃煅烧

闪烧法

P_2O_5

利用高温(200~400℃)

方法二　物理处理方法

物理处理方法,除去可溶性杂质和有机物的方法,包括水洗法、球磨法、陈化法等。

是指大量的水清洗掉磷石膏中的可溶性杂质,但洗涤后的污水必须经过处理才能排放,否则会造成二次污染。

水洗法

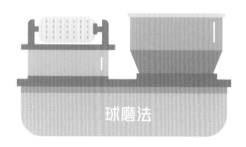

球磨法

是指机械力改变磷石膏的形貌,使其呈柱状、板状、粒状等多种形态,因颗粒成为漫散分布,故能改善硬化体孔隙率高、结构疏松的缺陷,但球磨没有消除杂质。

是指磷石膏长期堆存,通过自然风吹拂,让易挥发性杂质自然挥发。

陈化法

3.2　磷石膏的应用方式

　　磷石膏的应用方式有两类：第一类，将磷石膏高温煅烧，制备成二水或半水的磷建筑石膏粉，借助磷建筑石膏粉遇水后的胶凝作用，制备成产品；第二类，利用高炉矿渣和少量硅酸盐水泥激发磷石膏，成为磷石膏矿渣水泥，用于制备相关产品。

方法一　制备磷建筑石膏粉

　　　高温煅烧　　　　　　　　遇水后的胶凝作用　　　　　　　制备成产品

方法二　制备成磷石膏矿渣水泥

利用高炉矿渣和少量硅酸盐水泥激发磷石膏　　　　　　　制备成产品

3.2.1 磷建筑石膏粉的应用

将磷石膏原料和生石灰于高温下煅烧,可以有效去除磷石膏中含有的可溶磷和氟,但煅烧工艺增加能量消耗和碳排放。

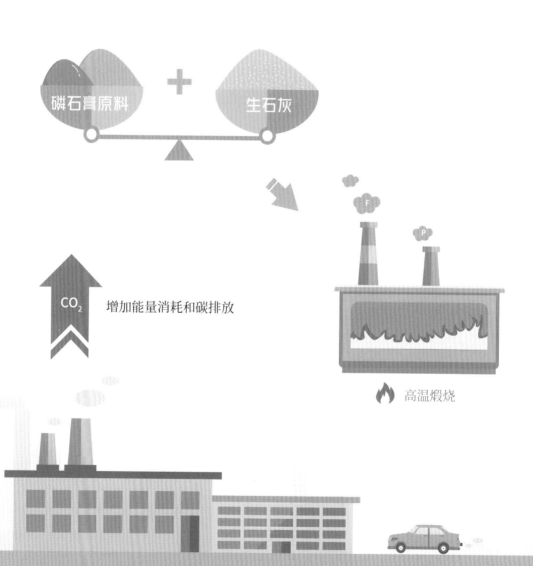

磷石膏原料+生石灰 ——高温煅烧——> 成品磷石膏

磷石膏原料 + 生石灰

CO_2 增加能量消耗和碳排放

高温煅烧

磷石膏通过研磨、煅烧等工艺即可得到建筑石膏粉，应用于生产建筑产品。

生产流程

研磨

煅烧

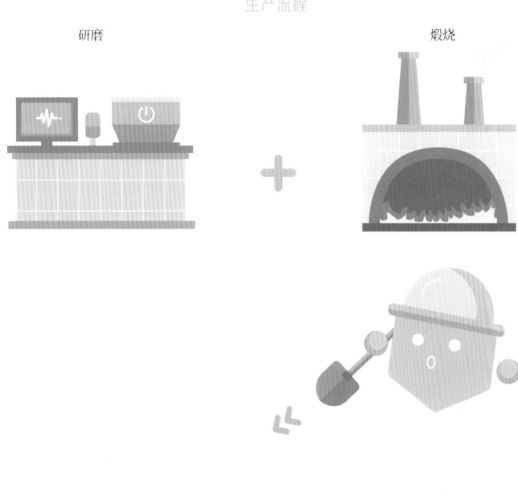

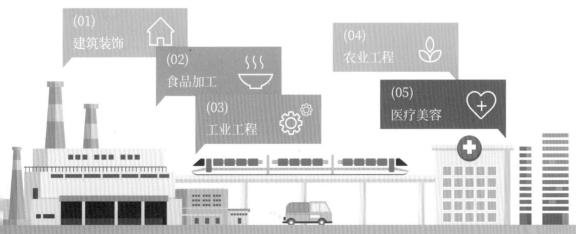

(01)
建筑装饰

(02)
食品加工

(03)
工业工程

(04)
农业工程

(05)
医疗美容

3.2.2 磷建筑石膏砌块

将磷建筑石膏粉与水按比例混合均匀,倒入预定尺寸的砌块模具,制备成砌块,用于砌筑非承重内隔墙,具有施工效率高的优点。

生产流程

磷建筑石膏粉与水按比例混合均匀

倒入预定尺寸的砌块模具

施工效率高

磷建筑石膏砌块

磷建筑石膏砌块质量轻,隔声性能好,耐火性能强;同时,属于废弃物循环利用,具有显著的生态效益和经济效益。

磷建筑石膏砌块性能

隔声性

隔热性

轻质性

环保性

施工性

舒适性

稳定性

把磷建筑石膏粉与水按照合适的比例混合均匀，然后倒入模具，待石膏凝固后脱模，放置到堆场，晾晒到预定含水率后出厂。

砌块生产工艺

晾晒

3.2.3　磷建筑石膏空心条板

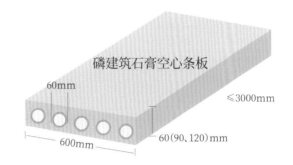

磷建筑石膏空心条板是以磷建筑石膏为基材,掺入无机轻集料、无机纤维增强材料而制成的空心条板。

磷建筑石膏空心条板的强度、隔声、抗震、防火等性能优异。

磷建筑石膏空心条板性能

 抗压强度:强度较高, 为7~11MPa

 隔声性能:90mm厚石膏空心条板隔声量大于43dB

 防火性能:石膏空心条板的耐火极限大于2.5h

 抗拉强度:强度较高, 为1.45~2.4MPa

 抗震性能:条板材料致密,采用非刚性连接,故抗震性能良好

 无开裂性:干燥收缩率仅0.24mm/m,不易开裂

 抗折强度:强度较高,约1.5MPa

 保温性能:0.8~1.1m^2·K/W(90mm厚)

 生态健康:石膏为绿色建筑材料,且具有杀毒灭菌的作用

3.2.4　磷建筑石膏自流平

磷石膏基自流平砂浆与水泥基自流平砂浆的对比优势,自流平石膏产品技术参数。

外观:干粉状物,应均匀、无结块、无杂物

pH:9.0　　　　　　　　　　　收缩率:0.05%

松散密度:1.2kg/L　　　　　　　配水比例:每25kg粉末用水5.8~6.5kg

表面硬度:邵氏硬度>85　　　　　铺地面积:以3mm厚,每袋摊铺面积约6.0m²

24h抗折强度:≥2.0MPa　　　　　24h抗压强度:≥6.0MPa

 初凝时间:15~40min

 可上人时间:240min

 可铺设时间:48h

● 石膏基自流平　　● 水泥基自流平

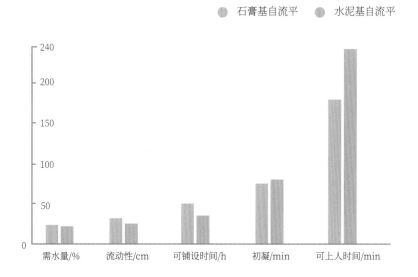

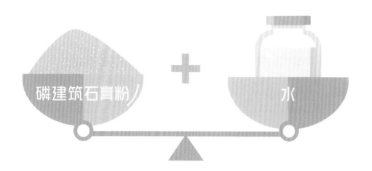

磷建筑石膏自流平

3.2.5　磷建筑石膏楼板模盒

磷建筑石膏粉可用于制备楼板模盒，替代传统的水泥盖箱、薄壁管等填充材料。

施工工艺·施工流程

磷建筑石膏楼板模盒

替代

水泥盖箱　　薄壁管

磷建筑石膏楼板模盒空心楼盖结构与传统结构形式对比。

磷建筑石膏楼板模盒空心楼盖结构优势

🔍 节约层高、减少土石方开挖量

✨ 成型效果美观

¥ 节约结构材料成本

👍 节约施工成本

⚡ 提高非结构施工效率

🖌 节省后续装修

3.2.6 磷建筑石膏空心模粒

磷建筑石膏空心模粒,是以球形冰粒为核,置入磷建筑石膏粉中滚动,冰粒融化而石膏粉凝结成壳,晾干后形成空心模粒。可用于制备磷建筑石膏空心砌块(模粒质量掺比60%的砌块),养护5d后的抗压强度达35MPa。

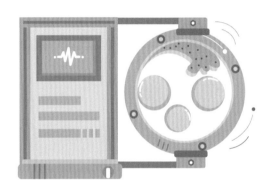

磷建筑石膏空心模粒(剖面图)

磷建筑石膏空心模粒

3.3　磷石膏渣应用

磷石膏砌块

磷石膏水泥缓凝剂

磷石膏路面基层

磷石膏市政产品

磷石膏轻集料

3.3.1 磷石膏渣砌块

直接把磷石膏渣、矿渣粉和水等混合后，压实或倒模制备成砖坯，再养护处理。

磷石膏渣砌块

 磷石膏渣

 矿渣粉

 水

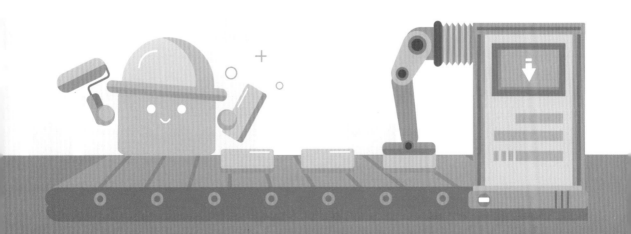

3.3.2　磷石膏水泥缓凝剂

以往将天然二水石膏用作水泥缓凝剂,用磷石膏代替天然二水石膏更加经济合理。

需求现状　城市建设　铁路建设　公路建设　水路建设　基础建设

水泥是水硬性无机胶凝材料,广泛应用于土木、水利、国防等工程,我国水泥年总产量达到15亿吨。

水泥添加缓凝剂,可以提高和易性、降低用水量。我国每年大约需要6500万吨水泥缓凝剂。

二水石膏是水泥缓凝剂的主要原材料,每年需要3500万吨以上。磷石膏代替天然二水石膏制备水泥缓凝剂,具有显著的竞争力。

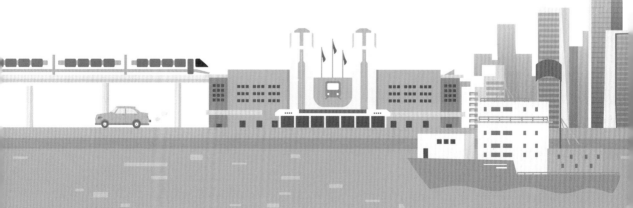

生产流程　　》

磷石膏生料

筛分

添加二水石膏

粉状缓凝剂

球状缓凝剂成品

造粒成球

用磷石膏制备的水泥缓凝剂,其含水率、三氧化硫含量、放射性、酸碱度等指标均满足行业标准要求。

磷石膏水泥缓凝剂指标

 附着水(外在水):≤15%

 结晶水(内在水):≥16%

 pH:≥7

 三氧化硫(SO_3):≥38%

 放射性:
内照射指数<0.15;外照射指数<0.20

 可溶性P_2O_5:≤0.5%

用磷石膏制备的水泥缓凝剂，在缓凝效果、运输性能、强度特征、颗粒均匀性以及价格方面都表现较好。

主要性能

强度适中

方便运输

颗粒均匀

磷石膏水泥缓凝剂

¥ 价格低廉

SO_3、P_2O_5双重缓凝效果

3.3.3 磷石膏路面基层

路面基层施工流程:磷石膏渣、矿渣粉、碎石、水和少量水泥等按比例充分搅拌,摊铺均匀后压实成型,最后养护到预定期限。

水稳层

钻芯

传统道路路面结构与水硬性磷石膏道路基层路面结构对比。

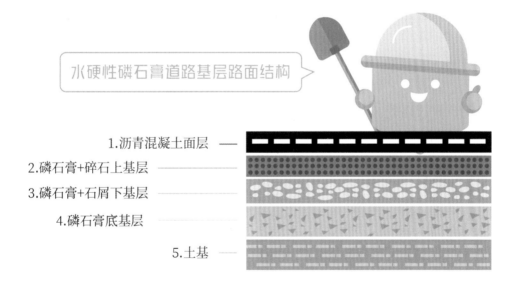

1.面层
2.封层
3.上基层
4.下基层
5.底基层
6.土基

传统道路路面结构

水硬性磷石膏道路基层路面结构

1.沥青混凝土面层
2.磷石膏+碎石上基层
3.磷石膏+石屑下基层
4.磷石膏底基层
5.土基

3.3.4　磷石膏市政产品

磷石膏、矿渣和少量水泥混合后，成为磷石膏矿渣水泥。再掺入水、砂和碎石搅拌均匀后，制备成市政产品。与传统材料相比，性价比更高。

透水砖

+

路缘石

人行步道

磷石膏花盆

3.3.5　磷石膏轻集料

　　磷石膏轻集料，以磷石膏渣为主要原料（含量80%以上），添加少量的矿粉和少量水泥等激发剂，通过滚动造粒工艺，制备成球状集料。其主要原理是：部分磷石膏、矿粉和水泥等发生水化反应，生成钙矾石和C-S-H凝胶，将剩余的磷石膏包裹并胶结成团，成为具有较高强度的集料。

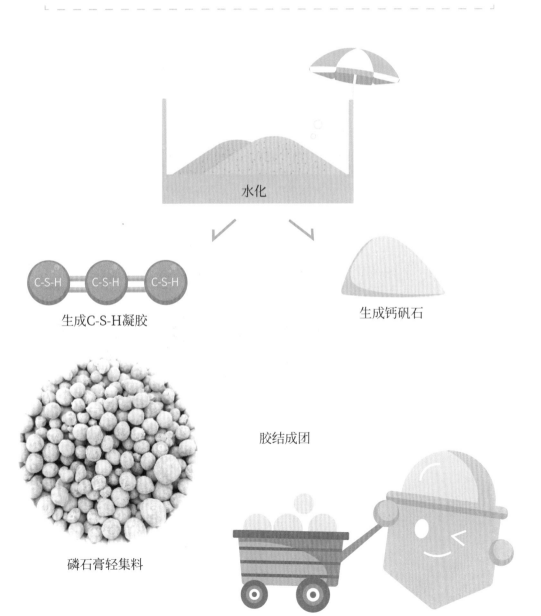

水化

生成C-S-H凝胶

生成钙矾石

胶结成团

磷石膏轻集料

3.4 磷石膏未来应用场景

磷石膏可用于制备石膏晶须，工艺品。如：大型石膏雕塑、小型涂色石膏等产品。

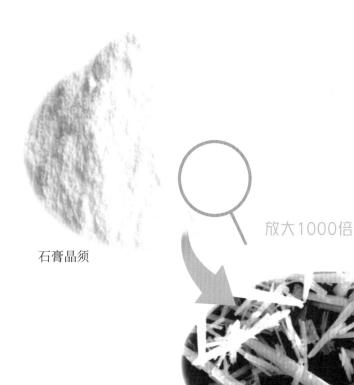

石膏晶须

放大1000倍

微观形貌

石膏晶须可用于树脂、塑料、橡胶等材料中作补强增韧剂或功能型填料；又可直接作为保温材料、耐火隔热材料和包覆电线的高绝缘材料。

磷石膏作品 〉〉

磷石膏烟灰缸 〉〉

小型涂色石膏

第4章

磷石膏综合利用共性模式

4.1 模式内涵

磷石膏综合利用共性模式主要包括:政策引领、源头减量、过程净化、末端应用。

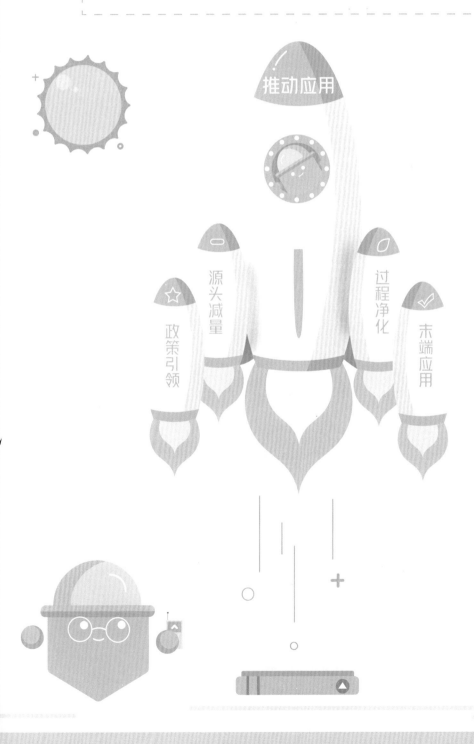

4.2 政策引领

政府减少或减免磷石膏产品的税收。

政府依据企业消纳磷石膏的量,给予资金奖励或补贴。

4.3　源头减量

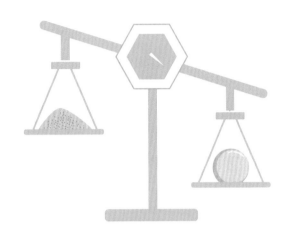

 依据磷石膏渣的消纳量配置磷矿资源。

4.4　过程净化

开发新技术　开展技术创新，提高磷矿资源利用率。

减少磷石膏"有害"成分　减少或除去磷石膏中的可溶磷和氟。

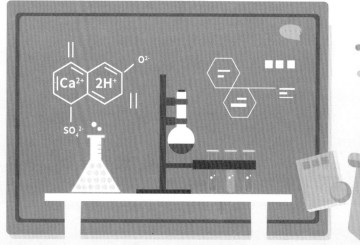

4.5　末端应用

 提高磷石膏产品质量　　确保磷石膏产品质量, 培育市场竞争力。

 拓宽应用渠道　　拓展磷石膏产品的应用场景, 实现规模化消纳磷石膏。

4.6 政策文件

《工业和信息化部关于工业副产石膏综合利用的指导意见》(工信部节〔2011〕73号)

截至2021年年底,磷石膏综合利用率由2009年的20%提高到40%;攻克一批具有自主知识产权的重大关键共性技术;建成一批大规模、高附加值利用的产业化示范项目;形成较为完整的工业副产石膏综合利用产品标准体系。

工业和信息化部

◎ 湖北省

2021年12月12日,湖北省委办公厅　省政府办公厅印发《关于加强磷石膏综合治理促进磷化工产业高质量发展的意见》的通知(鄂办发〔2021〕33号)

坚持系统化治理思维,从磷化工全产业链前端、中端、末端共同发力,前端坚持"谁采矿谁治理",加强磷矿开采管理;中端坚持集群化布局、绿色化转型、高端化发展,促进磷化工产业高质量发展;末端坚持"谁排渣谁治理、谁利用谁受益",推进磷石膏等副产资源综合利用。

2022年5月26日,《湖北省磷石膏污染防治条例》已由湖北省第十三届人民代表大会常务委员会第三十一次会议通过,自2022年9月1日起施行。

磷石膏污染防治坚持减量化、资源化、无害化和污染担责原则,坚持科学治理、源头治理、系统治理。

2018年4月14日,宜昌市人民政府发布《宜昌市磷石膏综合利用三年行动计划(2018～2020年)》(宜府办发〔2018〕39号)

坚持磷产业减量化、资源化、循环化发展总要求,建立健全依法监管、政府引导、企业主体、创新驱动、市场运作的体制机制和较为完善的政策支撑体系。

2019年4月15日,襄阳市人民政府下发《关于支持磷石膏综合利用的意见》(襄政办发〔2019〕10号)

按照"控制增量、消化存量、逐步平衡"的原则,用5年左右时间实现磷石膏产用基本平衡,用10年左右时间消化库存磷石膏。

2020年6月12日,宜昌市人民政府下发《关于加强磷石膏建材推广应用工作的通知》(宜府办发〔2020〕25号)

坚持政府引导、市场主导、示范先行、逐步替代的原则,在市场配置和供需平衡的基础上,实行强制和鼓励并举,提高磷石膏建材的工程应用量,实现建设行业和磷化工产业共赢、高质量发展。

2021年5月21日,荆门市人民政府下发《支持磷石膏综合利用政策措施》的通知(荆政发〔2021〕7号)

按照"控制增量、消化存量、逐步平衡"的原则,坚持"以用定产",依法对磷石膏利用率不达标的企业实施停产、限产措施。

⊙ 贵州省

2018年4月17日,贵州省人民政府印发《关于加快磷石膏资源综合利用的意见》(黔府发〔2018〕10号)

坚持政府引导、企业主体,实行政策激励、机制倒逼,促进全省磷化工生产企业加快技术改造升级,从源头削减磷石膏产生量。

⊙ 云南省

2022年5月31日,安宁市人民政府印发《安宁市2022年磷石膏(建材)推广应用方案》的通知(安政办〔2022〕36号)

按照"减量化、资源化、无害化"的原则,坚持政府引导、市场主体,建立"产用衔接、市场规范、利用有序"的模式,拓展磷石膏产品应用空间,实现磷化工行业绿色发展。

2022年12月23日,昆明市人民政府办公室印发《加快推动磷石膏综合利用二十条措施》的通知(昆政办〔2022〕84号)

遵循"减量化、资源化、无害化"的原则,按照"政府引导、企业主体、以用促产"的思路,加强污染防治,促进源头减量、推动综合利用、实施政策支持。

后　记

作为科研工作者，我曾认为"发现科学规律、揭示内在机理"才是高大上真知。显然，这是认识上的偏见。如果总把知识装扮成"白雪公主"，使其不能走到群众中，这其实没有发挥知识的全部作用。2020年8月，宜昌市磷石膏综合利用产业协会成立，很荣幸担任协会的首届秘书长。从此，我有了进一步向实践学习的机会，也增强了加快消纳磷石膏库存量的使命感。两年多的工作经历，让我深刻地意识到：磷石膏要规模化消纳，最终必须是市场需求驱动；而要市场接纳，则必须加强公众对磷石膏的了解；否则，大规模消纳磷石膏就是空中楼阁。于是，萌发了出版一本磷石膏方面的科普书，希冀为磷石膏的综合利用贡献绵薄之力。

通俗性是科普书的第一属性，公众无须深究磷石膏的内在机理，但需要了解磷石膏的基本特性。编写本书就是期待能够消除公众的疑惑，磷石膏属于资源，经过无害化处理后可用于建筑、市政、水利与交通行业，且能够满足行业产品的质量控制标准。

编写《磷石膏的新生之旅》，得到三峡大学、宜昌市经济和信息化局、宜昌市科学技术局等职能部门的大力支持，很多资料由湖北昌耀新材料股份有限公司、湖北力达环保科技有限公司、湖北三迪环保新材有限公司、湖北远固新型建材科技股份有限公司、湖北兴兴环保科技有限公司等提供，书中有些数据参考了已经发表的论文和著作。为此，对以上单位和个人表示衷心感谢，没有大家的同心协力，这本书无法完成。

在磷石膏综合利用研究战线上，我还是一个新兵，对磷石膏的很多认识还很不够。庆幸的是，得益于宜昌市磷石膏综合利用产业协会给予的机会，我恶补了相关知识，成为一个前行路上的追兵。必须承认，虽经反复校验，但限于编者学识，书中错误难免，故恳请广大读者斧正，以便再版时更正。

2023年4月于三峡大学